Coleção  Primeiros Passos

267

Joel Arnaldo Pontin
e Sergio Massaro

O QUE É
POLUIÇÃO QUÍMICA

editora brasiliense

*Copyright © by Joel Arnaldo Pontin
e Sergio Massaro, 1993
Nenhuma parte desta publicação pode ser gravada,
armazenada em sistemas eletrônicos, fotocopiada,
reproduzida por meios mecânicos ou outros quaisquer
sem autorização prévia do editor.*

*Primeira edição, 1993
3ª edição, 1994
1ª reimpressão, 2001*

*Preparação de originais: Adalberto Couto
Revisão: Henrique Neves
Capa: Luciano Pessoa*

Dados Internacionais de Catalogação na Publicação (CIP)
(Câmara Brasileira do Livro, SP, Brasil)

Pontin, Joel Arnaldo, 1962 -
   O que é poluição química / Joel Arnaldo Pontin,
Sergio Massaro. -- São Paulo : Brasiliense, 2001.
-- (Coleção primeiros passos ; 267)

1ª reimpr. da 3. ed. de 1994.
Bibliografia.
ISBN 85-11-01267-2

1. Água - Poluição 2. Ar - Poluição 3. Poluição
4. Poluição - Aspectos ambientais 5. Solos - Poluição
I. Massaro, Sergio, 1943 - . II. Título. III. Série.

01-5214   CDD-363.738

Índices para catálogo sistemático:
1. Poluição química : Problemas ambientais   363.738

editora brasiliense
*Rua Airi,22 - Tatuapé - CEP 03310-010 - São Paulo - SP
Fone/Fax: (0xx11)6198.1488
E-mail: brasilienseedit@uol.com.br
www.editorabrasiliense.com.br*
livraria brasiliense
*Rua Emília Marengo,216 - Tatuapé
CEP 03336-000 - São Paulo - SP - Fone/Fax (0xx11)6671.2016*

SUMÁRIO

Introdução 8
   A química da poluição e a poluição da química
   Onde há química há poluição?
Poluição do ar 12
   Qualidade desejada do ar e o que o polui
   Aerossóis e umidade
   O aquecimento da Terra
   Não chove mais como antigamente...
   Episódios críticos
   O ozônio na estratosfera e na troposfera
Poluição das águas 34
   As necessidades hídricas do homem
   Como e por que tratar os esgotos
   O que é uma água boa — e onde há?

Os venenos nos rios e mares e suas
   conseqüências
Poluição dos solos 46
   O que são micro e macronutrientes?
   A toxicidade de alguns elementos
   O lixo: problemas e soluções
   Adubando sempre dá?
   Solo contaminado
Problemas ambientais e algumas soluções . 63
Considerações finais 67
Indicações para leitura 70

INTRODUÇÃO

Afinal, o que significa "poluir"? Há várias definições para este termo. Há aquelas que só especialistas no assunto entendem. Há outras, muito mais simples, que não trazem a dimensão do ato e assim reduzem o problema.

Para muitos, poluir é sujar. Então poluição é sujeira? Se assim for, definitivamente, quase toda a Terra está poluída, pois hoje em dia é difícil encontrarmos um lugar onde a natureza ainda não tenha sido perturbada.

Mas existem também contradições geradas por desconhecimento: o que, para uns, não é poluição, e para outros é. Um caso interessante refere-se aos manguezais. São terrenos cuja aparência não estimula nenhuma preservação: solo negro, fétido, lamacento. Constantemente aterrados para edificações ou usados como depósito de lixo. Entretanto, reside nos manguezais um dos reservatórios naturais mais ricos em elementos nutritivos orgânicos da Terra.

Vamos dar uma pausa para a reflexão. Pensar um pouco sobre as diferentes notícias da degradação do meio ambiente e qualidade de vida — e os desastres ecológicos — buscando analisar a informação na sua maior amplitude e diferenciar nitidamente o que é uma manifestação ou conseqüência de uma forma de poluição daquilo que, de fato, *é* poluição.

Aprender a dar respostas a essas questões é estudar um assunto fascinante. Entender a poluição é entender um pouco melhor como as coisas funcionam na natureza o, também, as relações do homem em sua *sociedade* com a natureza.

A química da poluição e a poluição da química

Será necessário, em primeiro lugar, fazer certas considerações para evitar misturar coisas diferentes. Vamos considerar o dono da loja do centro da cidade que, para atrair a freguesia, colocou um enorme cartaz que esconde a arquitetura do prédio assobradado onde se instala seu comércio. Ou a empresa de iluminação pública que colocou luminárias defronte ao jardim de uma residência.

O cidadão que aprecia a paisagem urbana e o astrônomo amador que à noite montava seu telescópio no jardim de sua casa acharam tudo isto formas de poluição. Em nosso livro, porém, vamos considerar poluição somente aquela "sujeira", ou contaminação, provocada por substâncias químicas e materiais inconvenientes que estão presentes ou que são lançados no ambiente. Ou seja, vamos tratar apenas da poluição causada por "agentes químicos" — poluição química, para simplificar.

Um exemplo de poluição química é o petróleo que escapa de um navio, assim como os gases que saem das chaminés e dos escapamentos. As substâncias que constituem o petróleo (chamadas *hidrocarbonetos*, constituídas de carbono e hidrogênio) estão virtualmente ausentes no mar, porém quando em alta concentração formam uma camada na superfície das águas que afeta as formas vivas marinhas, pois dificultam a troca de gases (por exemplo, oxigênio) entre o oceano e a atmosfera. Este inconveniente, aliás, perdura por longo tempo em virtude da baixa taxa de degradação do petróleo nos oceanos.

Os gases emanados de chaminés e escapamentos de automóveis contêm, entre outros componentes, os óxidos de nitrogênio, que são irritantes por suas propriedades ácidas mas, na atmosfera, sofrem transformações que conduzem a outros materiais (por exemplo, o ozônio, que ataca a vegetação). Neste caso, em função da alta reatividade destes gases na atmosfera, sua concentração no ar e mesmo suas inconveniências cessam à medida que suas fontes são eliminadas.

Estes dois casos são exemplos típicos de poluição causada por agentes químicos — substâncias químicas que alteram a qualidade dos reservatórios naturais. Mas não nos parece prudente qualquer extrapolação da relação origem, causa e efeito.

Onde há química há poluição?

Ao que tudo indica, a tendência popular é achar que sim. É preciso, porém, prevenir neste ponto alguns enganos muito freqüentes. Quando o ar é caracterizado como quimicamente poluído, tem-se a impressão de que a presença do poluente alterou muito a composição do ar, quando na verdade mais de 99,99% dele continua o mesmo; no entanto, mesmo essa pequena alteração freqüentemente é bastante significativa.

Só que reservar o adjetivo "químico" apenas a estes menos que 0,01% de elementos que tornam o ar perigoso é uma imprecisão, já que os outros *99,99%* também são substâncias químicas inofensivas (algumas, essenciais). Fica deste modo nítido que a poluição, neste caso, é química; porém, é errôneo concluir que onde há substâncias químicas há poluição.

Outra imprecisão, ou melhor, outra "crença" que deve ser desmistificada é aquela que relaciona o que é *natural* ao *bom* ou ao *melhor* e associa o *artificial* ao *mau* (artificial = o que é feito pelo homem).

Estas associações têm até certa lógica, já que o que é natural é velho, experimentado, e as espécies vivas de algum modo (como pela seleção natural) se adaptaram a isso. Já as substâncias feitas pelo homem (xenobióticas; *xeno* = estranho e *biótico* = relativo à vida) são estranhas aos seres vivos. Por isso mesmo há um risco quando formas de vida são expostas a elas. Mas nem tudo que é natural é bom: os nossos índios sempre souberam que a mandioca-brava pode matar, e os "feiticeiros" medievais preparavam poções venenosas de ervas naturais. E nem tudo que é artificial é mau: durante o último século muitas gerações se livraram de febres, infecções e dores com a aspirina, a penicilina e a anestesia.

Alguns leitores poderão achar que toda essa discussão não mereça tamanha relevância. Para outros, poderá até parecer simplesmente uma questão de semântica. Entretanto, acreditamos que para a formação de uma opinião quanto aos problemas ambientais tais distinções tornam-se necessárias.

Vamos ver que há substâncias perniciosas ao ambiente, que independem de sua origem natural ou artificial. Mas há também outras que não representam risco algum. Entender o porquê é conhecer um pouco mais sobre poluição.

POLUIÇÃO DO AR

O ar constitui um dos compartimentos naturais do planeta onde vivemos. A composição química desta atmosfera varia muito pouco em qualquer lugar do planeta até uma altura de cerca de 70 km. No ar existe sempre um pouco de água e sua quantidade depende muito da temperatura ambiente, pois esta se relaciona diretamente com os processos de evaporação e condensação. Mas, mesmo considerando as oscilações da umidade, a composição relativa da atmosfera não muda significativamente.

A tabela 1, a seguir, mostra a composição volumétrica do ar seco atmosférico não poluído.

Tabela 1

Gás	Concentração (porcentagem)
— Nitrogênio (N_2)	 78,03
— Oxigênio (O_2)	 20,99
— Argônio (Ar)	..... 0,94 ppm**
— Dióxido de carbono (CO_2)	..... 340,0*
— Neônio (Ne)	 18,0
— Hélio (He)	 5,0
— Metano (CH_4)	 1,5
— Hidrogênio (H_2)	 0,5
— Óxido de dinitrogênio (N_2O)	..... 0,3*
— Dióxido de nitrogênio (NO_2)	..... 0,3*
— Monóxido de nitrogênio (NO)	..... 0,1*
— Monóxido de carbono (CO)	..... 0,1*

* concentração variável ** partes por milhão

Algumas destas substâncias — como nitrogênio, oxigênio, argônio, neônio, hélio e hidrogênio — não são consideradas perigosas. As concentrações de algumas delas são medidas em partes por milhão (ppm). Esta unidade é freqüentemente usada quando pequenas concentrações estão envolvidas. Para transformá-la em percentagem basta dividir por 10.000; assim, por exemplo, 340 ppm correspondem a 0,034%.

A origem de alguns compostos em um determinado ambiente, como a atmosfera, está relacionada ao que chamamos de fontes, quer dizer, à localização onde são introduzidos. Estas podem ser naturais (vegetação, solo, vulcões, etc.) ou de origem humana, dizemos *antropógicas* ou *antropogênicas*. Merecem particular importância as emissões provenientes de atividades humanas, como, por exemplo, veículos, chaminés ou, no limite, até uma cidade inteira. Também uma reação química pode ser considerada uma fonte, já que a partir dela se introduz no ambiente uma nova espécie. Desta forma alguns gases presentes na atmosfera podem ter sua concentração aumentada.

Qualidade desejada do ar e o que o polui

Qual a lógica para considerarmos o ar poluído ou não? A sua maior importância, para os seres terrestres aeróbicos (que precisam de oxigênio), está na respiração. Mesmo antes de entendermos de poluição, ou sequer sabermos que o ar existe, nós já respirávamos. Torna-se indesejável que, junto com o ar, inalemos espécies que possam prejudicar nossa saúde.

Se considerarmos, por exemplo, um ambiente de trabalho contaminado com gás clorídrico (HCl), sua inalação, mesmo que por pouco tempo, poderá lesar as mucosas nasais, prejudicando o olfato. Poeira do ar das cidades contendo chumbo causa, após contínua exposição, o saturnismo, que é uma doença que afeta entre outras coisas o sistema nervoso.

Quando falamos em boa, regular ou má qualidade do ar, é preciso ter sempre em mente que estas classificações são sempre relativas, isto é, referem-se a alguns padrões de qualidade. Estes são definidos e estão associados às concentrações de algumas espécies químicas que sabidamente significam iminentes riscos ao homem, em um determinado tempo de exposição.

Vejamos um exemplo concreto do caráter relativo de qualidade do ar. O programa brasileiro do álcool, de fato, melhorou a qualidade do ar em relação aos níveis de emissão de chumbo, monóxido de carbono e de compostos de enxofre; entretanto, trouxe uma nova preocupação, que são os aldeídos (produtos da combustão incompleta dos álcoois).

Não só processos efetuados diretamente pelo homem (como as indústrias e veículos) são causas de poluição do ar. Vulcões, pântanos e decomposição biomássica, entre outras fontes, emitem gases e partículas para a atmosfera que podem ser danosos. Mas às vezes a atividade humana indireta é causa desses fatos: uma lagoa que emite gases malcheirosos (gás sulfídrico cheira a ovo podre) pode estar recebendo esgoto em excesso.

Aerossóis e umidade

Outros componentes não gasosos podem aparecer no ar: são designados poeiras em suspensão ou aerossóis. São pólens de plantas, partículas de sal marinho, solo suspenso pelos ventos, fuligens de queimadas naturais ou de indústrias. Vapor de água também é um componente comum, principalmente em regiões quentes e naturalmente úmidas.

Materiais sólidos e líquidos podem também ser formados na atmosfera a partir de reações químicas, seguidas de condensação entre espécies gasosas.

Na tabela 2, a seguir, estão relacionados os nomes de alguns poluentes mais comuns do ar e suas principais fontes.

O aquecimento da Terra

Algumas radiações emitidas pelo sol conseguem chegar à superfície da Terra, isto se não forem absorvidas em seu trajeto. Têm maior facilidade as ondas curtas, de baixo comprimento, pois são mais energéticas. A terra absorve estas ondas e (re)emite para a atmosfera ondas longas (pouco energéticas). Estas radiações, de ondas longas, não passam livremente pelo ar (espaço), sendo em parte absorvidas.

Algumas espécies, como dióxido de carbono (CO_2), metano (CH_4), CFCs, óxido nitroso (NO), água, lançadas ou presentes naturalmente no ar (como a água e também o CO_2), têm a importante propriedade de absorver uma "fatia" da luz reemitida pela Terra. Esses compostos absorvem as ondas correspondentes à faixa do infravermelho.

Ao absorver na zona do infravermelho, a matéria se aquece. Assim, também estes gases se aquecem. É

Tabela 2

Poluentes	Principais fontes (precursores)
1 - Hidrocarbonetos	Emissões de veículos, refinarias de petróleo e vegetação
2 - Sulfetos	Usinas termoelétricas, fornos a carvão, metalúrgicas, vulcanização, indústria de fertilizantes e pântanos
3 - Mercaptanas	Refinarias de petróleo e indústrias de celulose
4 - Hidrocarbonetos clorados	Pesticidas, lavanderias e propelentes de aerossóis
5 - Dióxido de enxofre	Combustões, olarias, usinas termoelétricas, refinarias de petróleo, usinas de ferro/aço, indústria de fertilizantes e plantas
6 - Óxidos de nitrogênio	Emissões de veículos, indústria de fertilizantes
7 - Ácido nítrico	Conversão do NO_2
8 - Monóxido de carbono	Emissões de veículos e oxidação de terpenos (vegetação)
9 - Dióxido de carbono	Combustões em geral/emissões de veículos
10 - Amônia	Fábrica de fertilizantes e de amônia
11 - Ozônio	Na troposfera, principalmente: hidrocarbonetos + óxidos de nitrogênio + luz
12 - Material particulado/poeiras	Emissões de veículos, refinarias de petróleo, usinas a gás, geração de eletricidade, incinerações-fábricas de cimento, cerâmicas, estufas e carvão, fornos e, entre outras, conversão gás-partícula.

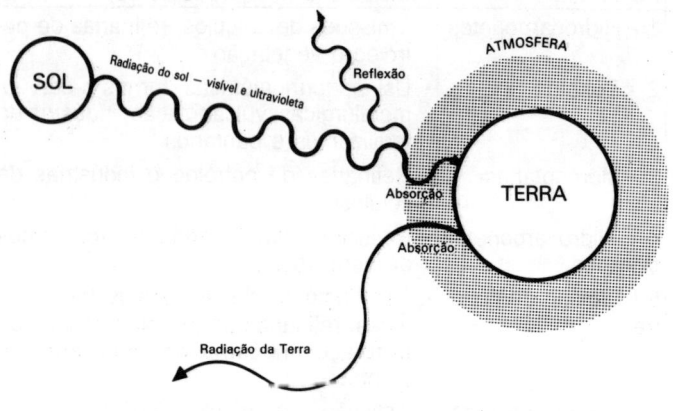

Figura 1: interação da luz com a Terra

como se pudessem "aprisionar" a radiação infravermelha, e como conseqüência deste fenômeno, o ar fica aquecido.

A origem dos compostos mencionados acima é muito diversificada, mas as principais fontes associadas são: CO_2 — queima de combustíveis fósseis (como gasolina, diesel e etanol) e queimadas de florestas; CH_4 — decomposição anaeróbica (por exemplo, do lixo e madeira), arrozais e cupins. *CFCs* — aerossóis, sistemas de refrigeração; *NO* — formação na atmosfera através de reação de N_2 e O_2 sob ação de luz e calor. (Para saber mais sobre os CFCs, não deixe de ler, à pag. 27, "o ozônio na estratosfera e na troposfera"!)

Antes de mais nada é importante sabermos que o fenômeno do efeito estufa, que ocorre naturalmente há muito tempo, é da maior importância na definição da temperatura do globo; se este efeito não ocorresse, a temperatura da Terra seria muito *baixa*. É o que acontece na Lua. A composição gasosa rarefeita que a envolve ou é desprovida de compostos que absorvem na região do infravermelho, ou estes estão em concentrações muito baixas; por esta razão é que a Lua está sujeita a temperaturas extremamente baixas, principalmente nas zonas não expostas ao sol.

O que de fato está em jogo e que é problemático é o agravamento do efeito estufa, a intensificação, devido ao aumento das concentrações daquelas espécies, principalmente do dióxido de carbono e do metano. Isto acontecendo, a temperatura do globo também poderá aumentar.

Nos últimos cem anos a temperatura da Terra já subiu meio grau e algumas, entre várias previsões, chegam a apontar para o ano 2030 um aumento de até 5 graus centígrados, se continuarem esses níveis de emissão.

O aumento da temperatura acarretará derretimento do gelo polar e com isso aumentará o nível do mar. Uma das conseqüências previsíveis é a inundação das faixas costeiras. Por exemplo, se o mar subir só

2 metros, as praias do Rio ficarão todas cobertas pelas águas, que avançarão pelas ruas adentro.

Outra implicação decorrente de variações globais de temperatura é que estas afetam todo o ciclo hidrológico. Temperaturas mais elevadas fazem aumentar a quantidade de vapor de água na atmosfera e acabam por alterar os padrões de precipitação pluviométrica; tanto esta alteração como o próprio aumento da concentração do dióxido de carbono — este por sua participação no processo de fotossíntese — podem também afetar de forma significativa o crescimento e a distribuição espacial e temporal das espécies vegetais.

Algumas previsões mais pessimistas alertam para o fato de que as alterações do clima podem ainda gerar sérias mudanças nos padrões globais de muitos processos ecológicos. Especula-se que estas alterações poderiam aumentar a ocorrência de pragas de insetos e causar a multiplicação de organismos patogênicos; a freqüência das queimadas naturais (biomássicas) também sofreria influência.

Para evitar o agravamento do efeito estufa e conseguir mantê-lo em níveis adequados, duas medidas são imperativas e urgentes: reverter, otimizar e racionalizar a escalada do consumo de energia derivada da queima de combustíveis fósseis, e evitar queimadas. Isto porque uma maior demanda de energia e de queimadas está associada diretamente à maior produção de dióxido de carbono — e, ao que tudo indica, só este gás (proveniente da atividade humana) é responsável por pelo menos metade do agravamento do efeito estufa.

Em relação à questão do consumo de energia é importante destacar que os países desenvolvidos, localizados no hemisfério norte, são os que mais contribuíram e contribuem para o aumento do CO_2 atmosférico, em decorrência de sua maior demanda, principalmente a térmica, em face da necessidade que têm de aquecimento artificial.

Quanto às intensas queimadas descontroladas (incêndios de coroa), que nos últimos anos assumiram tal proporção que passaram a constituir uma das principais fontes de CO_2, o Brasil, infelizmente, assume papel de grande destaque. Pode parecer exagero dar esta importância aos incêndios. Mas de fato não é. Algumas estimativas chegam a responsabilizar por uma contribuição de até 10% na produção global de dióxido de carbono os incêndios provocados só na região amazônica. E aqui não podemos restringir a dimensão deste problema apenas à produção de dióxido de carbono. Trata-se também da dizimação de espécies animais e vegetais, além de sérios prejuízos à própria qualidade do solo.

Mas é preciso lembrar também que a atmosfera não guarda fronteiras geográficas; ou seja, não podemos imaginar que os efeitos da poluição gerada no hemisfério norte não atingiriam o sul, ou vice-versa. Assim sendo, quando identificamos as principais fontes de poluição, principalmente atmosférica, devemos ter bem nítido que sua ação e seus efeitos não se restringem a um pequeno raio de ação. *Isto impõe uma ação coletiva entre municípios, estados e até entre países.*

Não chove mais como antigamente...

Diariamente é lançada na atmosfera uma considerável quantidade e diversidade de substâncias que lhe são estranhas. Ventos e correntes de convecção podem dispersá-las, reduzindo a periculosidade. Entretanto, sob condições atmosféricas desfavoráveis, que acontecem principalmente no Inverno, pode ocorrer que os níveis de concentração destas espécies alcancem valores que comprometam a qualidade do ar, podendo causar sérias conseqüências.

Entre estas substâncias, há aquelas que têm propriedades físico-químicas semelhantes. Classificamos como ácidas as que, reagindo com a água, conferirem à solução (água + substância) um caráter ácido. Para entendermos melhor, pensemos no exemplo das águas das chuvas: a água *pura* é considerada neutra (nem ácida, nem básica); porém, ao ocorrer a precipitação, reage com substâncias presentes na atmosfera e o produto final desta reação será ácido se as substâncias que reagiram com esta água forem ácidas.

Para quantificar quão ácido está um determinado meio, usamos do recurso de uma escala chamada "escala de pH". Esta escala, que varia de zero a quatorze, está esquematizada abaixo:

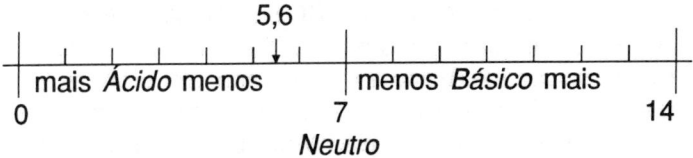

Figura 2: escala logarítmica de pH

Para termos uma leve idéia experimental de alguns valores, basta dizer, por exemplo, que na faixa de 4,7 está o suco de tomate; na faixa de 2,8 está o vinagre, e na de 2,1 está o suco de limão.

Um detalhe importante nesta escala está em perceber que, por ser logarítmica de base dez, ao variar em uma unidade na escala, estaremos variando em dez unidades de concentração; por exemplo, se houver uma *diminuição de uma* unidade no pH, isto equivale a dizer que o meio ficou *dez vezes mais* ácido; se a *diminuição for de duas* unidades, então o meio ficou *cem vezes mais* ácido (três vezes na escala, mil vezes na concentração), e assim por diante.

Entre os compostos que alteram a acidez das águas das chuvas destacam-se os chamados *óxidos ácidos* (na tabela 1 está a origem), entre os quais: dióxido de enxofre (SO_2), óxidos de nitrogênio (N_2O_3 e N_2O_5 — que podem ser formados a partir dos óxidos: NO e NO_2) e também o dióxido de carbono (CO_2) — este, porém, em escala bem menor, ou seja, mesmo em grandes concentrações de CO_2 há pequenas variações na acidez do meio.

Das principais fontes de CO_2, destacam-se os veículos automotores e indústrias. Mas também temos as naturais: por exemplo, o CO_2 oriundo do processo de respiração dos animais e vegetais e das combustões biomássicas; ou seja, mesmo em uma atmosfera não poluída, este gás se faz presente e por esta razão as águas das chuvas já têm, naturalmente, um caráter ácido, mais precisamente com pH em torno de 5,6. Portanto, uma chuva deverá ser considerada realmente ácida se o valor do pH estiver abaixo de 5,6.

Se elevadas concentrações de dióxido de carbono alteram pouco a acidez das águas das chuvas, o mesmo não se pode dizer do SO_2, N_2O_3 e N_2O_5. A presença destes compostos está associada respectivamente à presença de ácido sulfúrico (H_2SO_4), ácido nitroso (HNO_2) e ácido nítrico (HNO_3), os quais são considerados fortes, principalmente o sulfúrico e o nítrico. Ou seja, mesmo baixas concentrações destes ácidos são capazes de alterar significativamente a acidez de um meio.

E quanto aos prejuízos causados pelas chuvas ácidas? Evidentemente esses danos estão relacionados diretamente à própria acidez e à freqüência das chuvas. Mas, comprovadamente, um leve caráter ácido já é suficiente para perturbar a vida aquática (por exemplo, causar mortes de peixes).

São particularmente importantes os efeitos sobre as florestas. A alteração das condições dos solos provocada pela acidificação pode impedir a atividade de microrganismos vivos — como as bactérias, que fixam nitrogênio e assim permitem a reciclagem deste importante nutriente.

Quanto à alteração da composição química dos solos, um sério problema está na solubilização de metais tóxicos, principalmente chumbo, alumínio, zinco, mercúrio e cádmio. Através desta solubilização poderá ocorrer a contaminação de reservatórios hídricos, e assim estes metais serem ingeridos pelo homem.

Principalmente nos grandes centros urbanos pode-se observar que algumas estruturas, como monumentos e edifícios, já sofrem os efeitos da acidez das chuvas. Como são compostas de metais e mármore, suas estruturas são muito suscetíveis a ataques ácidos.

Episódios críticos

Se, entretanto, as condições forem desfavoráveis à dispersão dos poluentes, poderá haver uma elevação da concentração de espécies que, juntas, podem desencadear uma série de reações, principalmente se estiverem sob a ação da luz. Em uma atmosfera nestas condições, tanto o oxigênio (O_2) como o ozônio (O_3 — formado principalmente a partir da *fotólise* do dióxido de nitrogênio: NO_2) podem reagir com outros constituintes, como os hidrocarbonetos (C_mH_n), dióxido de enxofre (SO_2), monóxido de carbono (CO) e até mesmo com material particulado.

Nestas condições poderá ocorrer um episódio crítico de poluição conhecido como *smog fotoquímico*. Este tipo de *smog* é bem característico de cidades como Los Angeles, Cidade do México e mesmo São Paulo. Mas em cidades como Londres, provavelmente devido à topografia, ao clima, à pouca ocorrência de fenômenos de inversão térmica, e também à própria natureza dos poluentes, não se verifica a ocorrência de *smog fotoquímico* (o fenômeno não é desencadeado pela luz), embora sejam freqüentes os fenômenos de *smog* simples.

A ocorrência de um *smog* pode assumir proporções variadas, de simples irritações até muitos casos fatais. Um exemplo bem conhecido foi o episódio de *smog* ocorrido em Londres em dezembro de 1952, onde mais de 4.000 pessoas morreram devido à presença de dióxido de enxofre associado às partículas de poeira no ar, que, inalado, penetraram até os alvéolos pulmonares. Devido ao caráter fortemente ácido do dióxido de enxofre, houve uma ação corrosiva nos alvéolos, resultando em edema pulmonar.

No Brasil, os estudos relacionados à chuva ácida e episódios de *smog fotoquímico* são ainda recentes; referem-se a alguns centros urbanos, nos quais já é possível observar algumas evidências dos efeitos das chuvas ácidas, como o enferrujamento dos automóveis. Algumas medições do pH da chuva em São Paulo apontam para valores entre 5,0 e 4,5 — uma acidez de 4 a 12 vezes maior do que na chuva tida como padrão, "natural" (pH = 5,6). Estudos realizados para avaliar o impacto sobre florestas e águas pluviais são ainda mais raros.

O ozônio na estratosfera e na troposfera

À medida que nos afastarmos da superfície terrestre teremos a sensação de que os nossos problemas se resolvem; como se estivéssemos nos desligando da Terra, do real. Esse é um triste engano: quer estejamos no "chão" ou na "estratosfera" será impossível estarmos imunes às atividades do homem.

Na estratosfera, encontra-se uma combinação de átomos de oxigênio, situada entre 15 e 50 km de altura, que resulta numa espécie conhecida como ozônio (O_3). Na estratosfera, átomos de oxigênio (O) são formados a partir da fotodissociação do oxigênio molecular (O_2); ou seja, as moléculas de oxigênio (O_2), ao absorverem a luz ultravioleta, "quebram-se" em átomos de oxigênio ($O_2 \rightarrow 2O$) e estes, que são extremamente reativos, reagem com outras moléculas de oxigênio (O_2) formando ozônio (O_3).

É bastante conhecida a propriedade do ozônio de "aprisionar" muito intensamente a fração da luz solar correspondente ao ultravioleta, formando uma espécie de escudo protetor da Terra.

O ozônio, por ser também uma substância altamente reativa, reage facilmente com espécies que conseguem chegar ou se formar na estratosfera. Assim, espécies como alguns CFCs (compostos formados por átomos de carbono, flúor e cloro), que na baixa atmosfera não reagem, conseguem chegar "intactos" à estratosfera.

Assim como o ozônio, os CFCs também absorvem a radiação ultravioleta. Ao absorverem esta radiação os CFCs liberam átomos de cloro, que reagem com o ozônio (O_3), transformando-o em oxigênio molecular (O_2). Um esquema ilustrativo está representado na figura 3.

Agora você deve estar confuso e se perguntando: bem, se o ozônio, na estratosfera, se forma a partir da fotodissociação do oxigênio, e este a partir de reações envolvendo o ozônio, temos um ciclo; então por que está havendo a destruição da camada de ozônio? Afinal, onde está o problema?

Perceba que, se a razão com que o ozônio é destruído fosse igual à razão com que é formado, não teríamos problemas: nesta situação a concentração de ozônio seria constante. O fato é que há um desequilíbrio: destrói-se mais ozônio do que efetivamente se forma. Para exemplificar, imagine o caso de uma pia com a torneira aberta e uma vazão de água maior do que a capacidade que o ralo tem de escoar; haverá

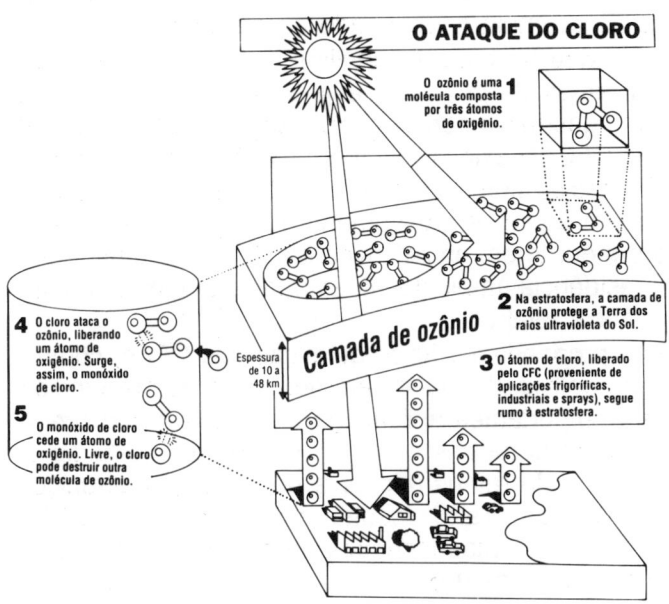

Figura 3: ação do CFC sobre a camada de ozônio

Fonte: ISTOÉ SENHOR, N? 1170 de 4/3/92, pág. 41

um acúmulo de água na pia; nesta analogia, a água que se acumula corresponde ao oxigênio.

Por que há este desequilíbrio? Para compreendermos temos de conhecer algo sobre as espécies que agem destrutivamente, e que são principalmente alguns CFCs e óxidos de nitrogênio. Na verdade, outras substâncias como o monóxido de carbono e metano também agem destrutivamente na camada de ozônio, porém por terem baixa concentração e pequeno tempo de residência ambiental na estratosfera, têm menor importância relativa.

As propriedades físico-químicas dos CFCs, como a baixa reatividade, qualificam-nos como os mais indicados a importantes aplicações Industriais como propelentes em aerossóis e nos processos de produção de espumas, de refrigeradores e de circuitos eletrônicos, entre outras. Vale ressaltar que, embora os CFCs fluam em sistemas fechados de geladeiras, *freezers* e condicionadores de ar, estes gases podem ser liberados para a atmosfera de várias maneiras: durante o processo de fabricação dos equipamentos e em casos de defeitos dos sistemas. Mas existem também os casos em que, aprisionados em sistemas fechados, são forçosamente expelidos, como nos *sprays*.

Um aspecto importante relacionado à emissão dos gases da família do CFC é o seu tempo de residência ambiental, que é muito elevado (o do CFC 11 é de 75 anos; o do CFC 12, conhecido como freon-12, é de 110 anos; o do CFC 113 é de 90 anos), ou seja, uma vez na estratosfera, levam aproximadamente 80 anos para se transformar completamente, serem "desativados", e durante todo este tempo, agem destrutivamente sobre a camada de ozônio. Isto faz gerar um acúmulo destas espécies, pois os gases emitidos há vinte ou trinta anos ainda estão ativos — destruindo a camada de ozônio — na estratosfera.

Dados da Nasa, de 1991, apontam para uma situação extremamente preocupante: em dez anos, de 1980 a 1990, houve uma baixa de 8% no nível de ozônio nas latitudes mais próximas. Somente em 1991, o ritmo de destruição acelerou em 20% em relação a 1990.

Muito embora se fale nos CFCs como os principais "vilões", ou agentes agressivos à camada de ozônio, eles não são os únicos. Temos também os óxidos de nitrogênio, formados próximos à estratosfera, onde alguns aviões (os supersônicos) podem circular. Se considerarmos a tendência crescente de uso deste tipo de transporte e o elevadíssimo tempo de residência ambiental dos óxidos de nitrogênio na estratosfera (aproximadamente 150 anos), teremos forçosamente de dar maior atenção a esta fonte de destruição da camada de ozônio.

Agora falemos um pouco das previsíveis conseqüências. Se os raios ultravioleta começarem a passar pela camada de ozônio e atingirem a superfície terrestre com maior intensidade, de imediato haverá um aumento nos casos de câncer de pele; estima-se que, se houver uma diminuição de 10% do ozônio, surgirão cerca de 300 mil novos casos de câncer de pele a cada ano; isto também faria aumentar assustadoramente casos de doenças oftalmológicas: cerca de 1 bilhão de novos casos!

Mas não é "só isso". Como os raios ultravioleta são muito energéticos, haverá o desencadeamento de uma série de reações na atmosfera, o que poderá alterar a sua constituição elementar; as lavouras também serão atingidas, já que estes raios afetam o processo de fotossíntese e portanto o crescimento das plantas. Até as algas marinhas, responsáveis pela produção de oxigênio, poderão ser vitimadas.

Se na estratosfera a presença do ozônio é altamente desejável, na troposfera (região mais baixa da atmosfera, onde vivemos) é exatamente o oposto. Como é um poderoso oxidante, o ozônio ataca com grande facilidade materiais como obras de arte, plantas, borrachas — e os pulmões do homem. Além disto, o ozônio pode reagir com outros compostos tidos como inertes, e acabar gerando produtos de maior periculosidade.

E por que, simplesmente, não se proíbe o uso dos CFCs? É que há uma série de dificuldades a serem superadas, entre elas: como então conservar gêneros alimentícios? Como diminuir a emissão dos óxidos de nitrogênio cuja origem, na estratosfera, está relacionada ao transporte aéreo? Como se vê, não é nada simples equacionar esta questão: de um lado, grandes interesses estão envolvidos em função de hábitos de nossa sociedade, que dificilmente prescindiria sequer das comodidades trazidas pelos agentes motrizes (*sprays*, refrigeradores de ar, aviões...) e interesses industriais; de outro lado, a persistir a diminuição da camada de ozônio, teremos de arcar com problemas crônicos, como os relatados acima.

POLUIÇÃO DAS ÁGUAS

Em se tratando de águas, mesmo as subterrâneas, quase sempre as fontes de poluição que as atingem referem-se aos resíduos urbanos, industriais e rurais, despejados na maioria das vezes voluntariamente no leito dos rios. Destes, os resíduos industriais, os esgotos domésticos, os detergentes não biodegradáveis, os pesticidas e fertilizantes destoam em quantidade.

As necessidades hídricas do homem

Falar da importância direta da água para o homem nos parece ser dispensável, já que ela é vital — uma condição para a vida —, além de ter importância indireta, como seu uso na irrigação.

Fatalmente, se sérias medidas não forem tomadas nas áreas de recuperação dos rios e mananciais, o fornecimento de água potável para a população se tornará, nas próximas décadas, um dos problemas mais sérios — principalmente para a administração pública — das grandes metrópoles.

São Paulo é um exemplo do que poderá vir a acontecer. Previsões do próprio departamento de água e energia elétrica projetam, para os próximos vinte anos, que boa parte de sua população correrá o risco de beber água contaminada com coliformes fecais, caso não seja revertida a tendência de degradação dos seus mananciais hídricos. Outras projeções apontam para um déficit, em 2010, de 29 mil litros por segundo.

Como e por que tratar os esgotos

A necessidade de tratamento dos esgotos urbanos se justifica, entre outras razões, por constituírem uma das principais fontes de poluição dos recursos hídricos naturais. Mas também pelas implicações que trazem às áreas que os recebem: mau cheiro, proliferação de insetos — focos de doenças —, depreciação patrimonial, entre outras.

Consideremos ainda o exemplo de São Paulo. A situação dos rios das bacias hidrográficas que drenam São Paulo, principalmente do Tietê, Tamanduateí e Pinheiros — que, se limpos, poderiam servir ao abastecimento —, é simplesmente trágica. Estes rios têm atualmente uma vazão média de aproximadamente 105 mil litros por segundo, hoje totalmente poluída, pois cerca de 42,5% desse volume provêm de esgotos não tratados.

O que é uma água boa — e onde há?

Qual a quantidade de água pura de que cada um de nós precisa a cada dia? Dois litros é uma boa resposta se considerarmos apenas a média ingerida para "matar a sede". Mas precisamos também de água de boa qualidade para lavar e preparar os alimentos, para outras atividades como lavar as mãos e escovar os dentes. Soma-se a isto o fato de que precisamos tomar banho, lavar roupas, talheres etc.

Numa estimativa que leve em consideração uma totalidade de consumo, o total sobe a dezenas de litros por dia, podendo chegar a centenas, dependendo do nosso modo de vida. Quem mora em barracos de favela, sem água encanada dentro de casa, consome de 10 a 30 litros por dia; já para quem mora em casa ou apartamento moderno, com máquinas de lavar roupa e louça, este total pode chegar a 500 litros. Em países mais avançados chega-se a 1.000 litros por dia. Na cidade de Nova York, a média diária é de 2.000 litros diários; por outro lado, em algumas comunidades africanos, a média é de 12 litros diários.

Qual a qualidade que queremos desta água assim utilizada e que chamamos de "potável"?

A água potável deve em primeiro lugar estar isenta de corpos que possam causar doenças: não deve conter microrganismos em quantidades e tipos capazes de contaminar, nem substâncias químicas capazes de intoxicar quem a usa. Mas também não deve ter cheiro, gosto ou coloração desagradáveis, mesmo que isso não apresente malefícios à saúde.

O atendimento a todos estes requisitos freqüentemente representa um difícil problema para os técnicos responsáveis pelo suprimento. Por exemplo, para garantir que a água chegue às torneiras das casas sem microrganismos vivos transmissores de doenças (como o cólera), é comum a adição de cloro; este por sua vez comunica um gosto e odor à água que muitos consideram insuportáveis. Filtros de carvão permitem diminuir este inconveniente, porém podem também aumentar o risco de outras contaminações. Outro exemplo são os teores de sais de ferro, que não representam risco algum à saúde do usuário, mas provocam manchas amarronzadas em recipientes de água ou mesmo nos lugares por onde ela escorre; diminuir o teor de ferro pode ser inviável ou muito oneroso, principalmente se os encanamentos são feitos deste metal.

Suponhamos que uma cidade tenha sido capaz de contornar essas dificuldades, conseguindo fornecer água potável de boa qualidade para seus moradores. Tomemos como padrão um fornecimento individual de 250 litros/dia por habitante. Seria esta cota o suficiente para o bom funcionamento da cidade?

A resposta é não — precisamos de mais água ainda! Para entender o porquê é preciso considerar as várias outras utilidades públicas e principalmente o que acontece com esta água toda depois do seu uso.

A água usada (ou "águas servidas" como antigamente se chamava) é esgoto. O volume de esgoto produzido por um bairro ou cidade é muito próximo do volume de água potável consumida. A quantidade de água "perdida" por evaporação ou infiltração no terreno fica ao redor de 10% do total fornecido, e a quantidade de "água nova" (por exemplo, de poços) introduzida no esgoto é desprezível. Vale aqui observar que as autoridades em geral proíbem, embora poucos saibam disso, que as águas de chuva (como, por exemplo, as recolhidas em ralos de quintais ou bairros das ruas) sejam encaminhadas à rede de esgoto: ou seja, as "galerias de águas pluviais" devem (pelo menos assim deseja o poder público) ser separadas da rede coletora de esgoto, para não sobrecarregar esta última quando ocorrem chuvas.

Para o esgoto são carreadas todas as sujeiras de tanques, pias e vasos sanitários. Do ponto de vista químico, estas sujeiras são substâncias inorgânicas, como sais e cinzas, e orgânicas, como óleos, gorduras, carboidratos, uréia e proteínas. Elas podem estar dissolvidas (mesmo filtrando o esgoto elas passariam pelo filtro) ou suspensas nos esgotos (ficariam retidas no filtro). Esses materiais, em particular os orgânicos, passam imediatamente a sofrer transformações. São geralmente moléculas grandes que vão sendo gradativamente quebradas.

Este processo de quebra é efetuado por bactérias. Na verdade, estes microrganismos usam aqueles materiais como alimento, decompondo boa parte deles para satisfazer suas necessidades energéticas e incorporando outra parte. É assim que crescem e se multiplicam nos esgotos.

Este processo é chamado de *biodegradação*, pois é uma degradação química: destruição de moléculas complexas, executada por seres vivos. As bactérias mais ativas são as aeróbicas, que consomem o oxigênio disponível nos esgotos.

Em contrapartida, a solubilidade do oxigênio na água é baixa (cerca de 8 miligramas por litro), e por isso há pouco oxigênio nos esgotos. Quando acaba o oxigênio, a degradação continua por meio de outros tipos de bactérias (as chamadas anaeróbicas), que não necessitam do oxigênio, mas consomem outras substâncias químicas existentes no esgoto. O sulfato (um sal inorgânico) é uma destas outras substâncias, e neste caso o produto da degradação é o gás sulfídrico, que tem cheiro característico de ovos podres.

Os esgotos ficam então com mau cheiro, porque o oxigênio nele existente é insuficiente para, quantitativamente, alimentar a degradação aeróbica. Se o volume de água limpa contendo oxigênio dissolvido for suficientemente grande, pequenos volumes de esgotos, contendo materiais e bactérias ávidas por oxigênio para serem degradados, apresentariam uma "boa qualidade", podendo evitar o desenvolvimento de bactérias causadoras de doenças.

É estimado que cada pessoa lance detritos, como uréia e carboidratos, que, para serem oxidados (degradados totalmente por bactérias aeróbicas), necessitam de 50 gramas de oxigênio; isso significa mais de 6 mil litros (50 g/habitante : 8 mg/litro) de água por dia. Para esta água é apenas necessária a qualidade de conter oxigênio dissolvido (não precisaria ser "potável", como anteriormente observado), mas num volume muito maior do que o anterior.

Praticamente nenhuma cidade de porte razoável possui esta disponibilidade hídrica para cada habitante, e por isso elas fatalmente terão no esgoto um sério problema: rios e lagos serão impróprios para atividades de lazer e de composição de paisagem, pois apresentarão mau cheiro, não terão peixes, além de representarem riscos à saúde pública.

O tratamento destes esgotos significa fazer artificialmente aquilo que, de um modo ou de outro, não permitimos à própria natureza fazer, ou seja, degradar as substâncias presentes nos efluentes e manter uma taxa de oxigenação nas águas.

Há várias possibilidades técnicas de tratar esgotos; a adoção de uma ou outra forma depende de vários fatores, que vão desde a disposição de se manter maior ou menor número de técnicos especializados nesta função, até a possibilidade de contar com áreas destinadas a este fim.

Aspergir o esgoto sobre grandes extensões de leitos de cascalho ou solo, onde procriarão musgos que conseguirão depurar o esgoto, é uma forma adotada em alguns locais onde os terrenos são baratos e, portanto, podem ser "imobilizados" para esta finalidade. Outra forma que também ocupa grandes áreas é o uso de lagoas de estabilização, onde os processos de biodegradação são efetuados em tanques, freqüentemente ligados em série, e dos quais gradativamente a água sai mais pura, devido à ação de microrganismos que neles procriam após dias ou semanas, conforme o caso.

Os modos mais sofisticados utilizam tanques onde massas de bactérias são colocadas (como se fossem fermentos) e o ar é injetado por meio de bombas para acelerar o processo de depuração. Periodicamente os lodos são retirados por meios mecânicos e o controle de qualidade é constante, por meio de análises de amostras; tudo funciona como se fosse uma grande indústria.

A água que sai dessas estações de tratamento não difere de uma água de rio relativamente limpo, mas não é uma água potável. Ela apresenta teores muito baixos de substâncias orgânicas e contém oxigênio dissolvido, como a água potável. Porém o teor de substâncias inorgânicas é ainda muito elevado: as concentrações de sódio, cálcio, sulfatos, nitratos e fosfatos são muito maiores do que as comumente existentes numa água de fonte.

O conteúdo, principalmente de nitratos e fosfatos, propicia a rápida proliferação de algas, que diminuem a transparência e impedem a diversidade de formas de vida. Para evitar que este fenômeno (conhecido como eutroficação) ocorra é possível recorrer-se ao chamado "tratamento avançado" dos esgotos, que, além das formas de tratamento convencionais descritas, inclui uma fase posterior onde o teor de sais inorgânicos, principalmente os que contêm nitrogênio e fósforo, é drasticamente diminuído para evitar a eutroficação. Esses processos são muito caros, pois envolvem geralmente a adição rigorosamente controlada de reagentes químicos que provocam a volatilização ou precipitação dos componentes indesejáveis.

Embora o planeta em que vivemos tenha muita água, somente parte dela está apropriada ao consumo. A água potável geralmente é encontrada em minas quando brotam do subsolo, mas podemos buscá-la nas entranhas da terra por meio de poços profundos. Ela pode ser colhida dos rios, ou mesmo de poços rasos onde deixamos acumular a água que embebe o próprio solo em regiões pouco poluídas. Ela "cai do céu" em forma de chuva e nós podemos construir açudes e represas para guardá-la.

Mas a utilização de todos estes mananciais de água deve ser cuidadosamente efetuada: causas naturais ou provocadas pela nossa atividade social podem colocá-los em risco.

Algumas minas e águas de subsolo, tradicionalmente consideradas puríssimas, podem naturalmente ter teores de fluoretos que as tornam inadequadas ao consumo. Algumas águas minerais (como ocorreu em Águas da Prata-SP, por exemplo) tiveram seu uso interditado e algumas águas de poços artesianos têm de ser previamente purificadas (por exemplo: Pereira Barreto-SP) devido à alta concentração de fluoreto.

Acidentes provocados por indústrias de substâncias como PCBs (*PoliClorados Bifenílicos*) e metais pesados já interditaram por semanas a captação de água do rio Paraíba do Sul para distribuição ao consumo em cidades. A contaminação de poços e represas por resíduos industriais e domésticos é um fato, infelizmente, corriqueiro; como conseqüência, às vezes a simples cloração para desinfecção não é suficiente — como ocorreu em São Paulo com as toxinas que comunicaram mau gosto, durante vários meses, às águas da represa de Guarapiranga.

Apesar de a poluição atmosférica ainda não ter chegado ao ponto de tornar as águas da chuva impróprias para o uso, a excessiva acumulação das mesmas em açudes (impedindo quase que totalmente seu escorrimento) pode causar problemas como a intensificação do processo de salinização, de tal modo que, por exemplo, a irrigação de culturas fique prejudicada, além de demandar processos de purificação que a tornem potável.

Os venenos nos rios e mares e suas conseqüências

A imensidão do meio marinho (que cobre 70% da superfície terrestre) dá-nos uma falsa idéia da sua realidade biológica, e aparenta uma grande facilidade de dispersão. Na verdade, porém, aproximadamente 87% de toda riqueza da vida marinha se encontra localizada em 7,6% da superfície mundial dos oceanos, que são as águas das plataformas continentais, ou seja, perto do litoral, onde as condições de nutrientes são mais favoráveis. São basicamente nestas áreas que se concentram as atividades pesqueiras comerciais.

Acreditamos não ser necessário apresentarmos a poluição por hidrocarbonetos, pelo menos no seu aspecto visual: alguns de nós já nos deparamos com praias interditadas e quase todos já observamos através dos meios de comunicação as grandes manchas negras de óleo bruto, pesadas e viscosas, que escapam de petroleiros e atingem a fauna e a flora marinhas.

Um dos desastres mais conhecidos foi o que ocorreu em novembro de 1974, depois da colisão dos petroleiros Merks e Chaumont, na altura de Le Havre, França. Centenas de quilômetros de praias foram poluídas por *1.700 toneladas* de óleo que escaparam do petroleiro Merks. É muito difícil, quase impossível, avaliar os danos que este desastre trouxe à fauna e à flora planctônicas, mariscos e invertebrados marinhos, peixes e algas bentônicas.

A esta fonte de poluição marinha somam-se outras três de grande importância:

— barcos, tanto no mar como nos portos;
— exploração de petróleo e de outros recursos;
— rios (agentes de poluição procedentes de atividades agrícolas, industriais, extrativas e outras), emissários costeiros e precipitações atmosféricas.

A freqüência, a dimensão e os impactos dos desastres envolvendo petroleiros, bem como a ação destas três outras fontes, escapam a qualquer escrupulosa avaliação.

Há exagero em se dizer que o potencial de produção de matéria viva pelos rios e oceanos se encontra já profundamente alterado devido à poluição. Mas está correto dizer que se ampliam cada vez mais as zonas de plataforma continental submetidas a atividades humanas, que, por sua vez, estão associadas a grandes emissões de poluentes.

POLUIÇÃO DOS SOLOS

Quando pensamos na biosfera, imediatamente associamos sua constituição básica à atmosfera, hidrosfera e solo (pedosfera). Por definição, o solo consiste na camada intemperizada da crosta terrestre onde organismos vivos e os produtos de sua decomposição se intermisturam. Por isto devemos ter bem nítido que o solo não é apenas um ambiente dos organismos, mas também é produzido por eles; suas características dependem essencialmente da sobrevivência desses organismos.

Sem vida no planeta Terra poderíamos ter ar e água como são, ou com uma composição muito similar, mas certamente a composição do solo seria muito diferente.

O solo e sua microfauna, quando desprotegidos com o desmatamento, ou são queimados por uma superexposição ao sol — além das tradicionais "queimadas" — ou podem ter elementos importantes arrastados pela erosão. Estes fatos alteram para pior a composição e fertilidade do solo.

O que são micro e macronutrientes?

Nutrientes são os elementos minerais essenciais ao desenvolvimento de organismos. De acordo com a quantidade com que estes elementos estão presentes nos solos, eles são classificados em micro e macronutrientes. Os mais comuns macronutrientes são: nitrogênio, fósforo, potássio, cálcio, magnésio e enxofre; estes aparecem em proporções que vão de alguns poucos centésimos por cento até algumas unidades por cento.

A relação dos principais micronutrientes, que crescem lentamente, engloba principalmente os elementos: boro, cobre, cloro, ferro, manganês, selênio, níquel, molibdênio e zinco; geralmente esses elementos aparecem em proporções muito variadas, que vão de décimos de parte por milhão até uma ou várias centenas de partes por milhão (1 ppm = 1 miligrama/quilo). O magnésio e o ferro são indispensáveis à formação da clorofila, o verde da planta que capta a energia solar.

Toda cultura tem suas "exigências" minerais, isto é, necessita de uma certa quantidade mínima de micro e macronutrientes para se desenvolver; estes podem ser retirados dos solos, do adubo e da atmosfera (como é o caso de nitrogênio fixado).

Uma análise química de um vegetal revelará a sua constituição elementar. Nesta, todos os elementos essenciais deverão estar presentes, porém nem todos os elementos presentes são de fato essenciais. Portanto, a partir de uma análise química das plantas não será possível discriminar quais elementos são realmente essenciais, pois o processo de absorção pela planta dos elementos dos solos não é totalmente seletivo; a planta não é capaz de discriminar e absorver só o que é, rigorosamente, "bom para sua saúde".

A toxicidade de alguns elementos

Dentre os cerca de noventa elementos químicos naturais, mais de sessenta são metais. Dependendo da massa que seus átomos possuem, esses elementos metálicos podem ser leves como magnésio e alumínio (massas atômicas 24 e 27) ou pesados como platina e chumbo (massas 195 e 207). Sob outro ponto de vista, muitos metais, na prática, não apresentam risco toxicológico, como o cálcio e o ferro, enquanto outros podem ser perigosos, como o cromo e o chumbo. Na verdade, esse perigo não está associado diretamente às massas atômicas dos metais (por exemplo, a massa atômica do cromo é 52 e a do ferro 56); mas como geralmente os metais tóxicos são de maior massa atômica, costuma-se chamar os metais perigosos de metais pesados.

Nesta categoria se incluem pelo menos algumas dezenas de elementos, entre os quais os mais famosos são o cromo, o cádmio, o mercúrio e o chumbo. Há ainda algumas outras observações interessantes que se relacionam à química destes elementos. No estado metálico eles em geral significam pouco perigo: a superfície do aço inoxidável de facas e talheres tem cromo, os amálgamas dentais usados há um século têm mercúrio, objetos de chumbo metálico podem ser manuseados sem perigo.

Na verdade seus compostos é que são bem mais perigosos e esse risco não se limita apenas à ingestão pela boca, mas envolve também a respiração de vapores ou partículas ou o contato através da pele. A relação entre o tipo de exposição e a variabilidade de risco fica bem mais clara quando se sabe que o mercúrio metálico, que é um líquido brilhante e prateado, nas condições ambientais, bem conhecido, significa pouco risco, mas é muito perigoso quando inalado na forma de vapor.

A exposição do homem a esses metais, seja através da contaminação ambiente ou no ambiente de trabalho, ou mesmo devido a acidentes e à ignorância, não é rara.

A pilha elétrica descarregada, os talheres amassados, a maçaneta da porta, o termômetro quebrado, o resto de tinta antiferrugem foram para o lixo. Essas operações das quais não temos modo de escapar produzem entulhos essencialmente constituídos de metais pesados. Somemos a isto os compostos de chumbo, usados intensamente por décadas (e ainda hoje, em menor escala) para melhorar a qualidade da gasolina, e que acabavam na poeira do ar e do solo das cidades, além do mercúrio dos efluentes da antiga fábrica de soda caústica, lançado no rio.

Todas estas atividades contribuem para que a civilização da qual fazemos parte fique rodeada de materiais com teores cada vez mais elevados de metais pesados.

O controle, através de análises químicas sistemáticas, dos diversos setores do ambiente deve ser contínuo para que possamos saber com antecedência a hora do alerta. As sociedades industrializadas há mais tempo e que, portanto, há mais tempo vêm se poluindo, em muitos casos já chegaram a níveis alarmantes. É dentro deste contexto que os países do Primeiro Mundo (e também alguns estados do Brasil) passaram a usar nas suas cidades gasolina mais cara, porém sem chumbo; é dentro desse clima que se propõe também a reciclagem de alguns materiais, como latas e metais nos lixos (embora haja também a questão do custo das matérias-primas e da energia envolvidas).

Não é raro encontrarmos trabalhadores que ficaram apenas alguns meses trabalhando em indústrias de galvanoplastia, onde se faz o acabamento de peças metálicas com uma camada de metal brilhante contendo cromo (a cromeação), com o septo nasal perfurado, isto é, com as duas cavidades nasais se comunicando por dentro do nariz. Isso é irreversível, e é conseqüência da intensa exposição a neblinas que contêm compostos de cromo, muito comuns nestas indústrias. Este é apenas um exemplo.

Outro fato são as doenças do sistema nervoso, que incluem a incapacidade de controlar movimentos das mãos e braços, tais como apanhar objetos, que aparecem em garimpeiros que por anos ficaram respirando vapor de mercúrio. O mercúrio é usado para separar o ouro da terra e das pedras; numa operação posterior, deve ser separado do ouro, e essa operação é feita geralmente de forma precária nas áreas de garimpo.

O lixo: problemas e soluções

Cada habitante típico de uma cidade produz cerca de 1 kg de lixo por dia. Esses "resíduos sólidos", como tecnicamente são chamados, são constituídos principalmente por embalagens descartadas de papel, papelão, vidros, plásticos ou metal. Restos de comida e roupas, bem como sujeiras resultantes da limpeza doméstica também são componentes do lixo coletado nas residências.

Sob responsabilidade das prefeituras, também é efetuado o recolhimento dos lixos decorrentes de varrições de ruas e alguns outros casos especiais, como o importante lixo hospitalar com alto risco de contágio.

O que tem sido feito com isso? Em muitos casos, este material é simplesmente jogado em terrenos desocupados; são "lixões" onde se multiplicam ratos, insetos e mau cheiro. As áreas dos lixões são desvalorizadas por motivos estéticos e sanitários, e, por isso, cada vez mais destinações adequadas têm sido providenciadas.

Cidades mais organizadas têm incentivado seus habitantes a classificar o lixo para que seja possível a assim chamada coleta em separado ou coleta seletiva: materiais de vidro, metais e plásticos e freqüentemente também os papéis são separadamente recolhidos, e assim se torna viável o seu reaproveitamento. Frascos inteiros podem ser reaproveitados, mas a filosofia da coleta seletiva se baseia no fato de que o reaproveitamento destes materiais sai mais barato do que obtê-los a partir de novas porções das matérias-primas.

Assim, é cara demais a obtenção de alumínio metálico a partir de seu minério (bauxita); então, torna-se mais interessante a fabricação de novas latas a partir de restos destes materiais, ao invés de descartá-los.

Em alguns casos, como por exemplo os plásticos, o material reciclado tem qualidade inferior; mesmo assim ele encontra várias outras aplicações, como por exemplo a confecção de sacos de lixo!

Em outros casos, a qualidade do material reciclado depende do cuidado com que é feita a separação: um vidro transparente só pode ser obtido se o material de partida não tiver "cascos escuros" misturados. Em alguns países, a sofisticação da coleta em separado chega a atingir este ponto, o que requer o envolvimento amplo da população.

Mesmo com a coleta em separado e o conseqüente reaproveitamento de parte dos dejetos, sobra boa parte de resíduos para serem "jogados fora", ou seja, por mais eficiente que seja o processo de reciclagem, este não daria conta de solucionar por completo o problema do lixo. E continuaremos com o problema do que fazer, só que em escala muito menor.

Os "aterros sanitários" são uma das outras soluções para destinação de lixo. Muitos críticos dos aterros dizem serem eles apenas uma sofisticação dos lixões. Se considerarmos o cumprimento de todas as exigências legais, essas críticas não procedem.

Nos aterros, o lixo é compactado em camadas sobre um terreno adequado e previamente preparado, para depois ser coberto com um material inerte — geralmente a própria terra. Com o passar do tempo, todo o material se decompõe e integra-se ao solo. Se são tomados certos cuidados, que incluem desde a escolha do terreno até o próprio lixo, esta técnica de destinação de resíduos sólidos se apresenta como mais uma das alternativas.

Depois de desativados, os aterros sanitários podem se tornar lugares de áreas verdes ou mesmo parques públicos. Mas o cuidado, por algum tempo, deve ser constante: durante anos o terreno exala gases, e a chuva infiltrada provoca o escorrimento de um líquido escuro e malcheiroso, que não deve escorrer para as bacias hídricas vizinhas sem tratamento.

Uma outra solução é a queima do lixo. Em alguns casos ela pode até ser vantajosa do ponto de vista energético: certos lixos têm boas características como combustível e assim a usina de incineração de lixo poderia se tornar uma usina termoelétrica. Isto, porém, só chegou a ser possível em raros casos.

Independentemente deste fato, a incineração reduz grandemente o volume e a massa de lixo e virtualmente elimina o risco de doenças que ele pode representar: os lixos hospitalares são geralmente incinerados, assim como os animais mortos coletados nas ruas da cidade. Se as usinas de incineração estiverem dentro da cidade, o custo de transporte cai, representando vantagem adicional porque as cinzas que sobram têm massa muito menor que o lixo original e são inertes, sendo sua destinação muito mais simples e menos perigosa que a do lixo bruto, podendo ser mandados, sem nenhum risco, para os aterros sanitários.

O problema da incineração é que as usinas são caras, principalmente se forem equipadas com os desejáveis dispositivos para prevenir a poluição do ar. Alguns municípios, quer pelo custo operacional, quer pelos riscos do processo, chegam a proibir a instalação destas usinas na área urbana.

Além da reciclagem, dos aterros sanitários e da incineração, temos também o chamado método da "compostagem". Neste processo são propiciadas condições para que a parte orgânica do lixo fermente espontaneamente: após algumas dezenas de horas a ação dos microrganismos perniciosos aí presentes transforma o lixo em um material isento de bactérias, e que se assemelha ao húmus do solo. Após um período de "cura" (que dura dias para que o cheiro forte desapareça), esse material, chamado composto, pode ser usado na agricultura para melhorar a qualidade do solo.

Jardins públicos costumam ser "fregueses" do composto. É fácil perceber isto, principalmente quando se realiza o lançamento sem observar o período de cura adequado: o ar fica com um cheiro bem característico.

Porém somente a parte orgânica do lixo (aquilo que é capaz de apodrecer) é possível de submeter-se a este processo. Metais e vidros devem ser previamente separados, o que encarece o processo. A localização das usinas de compostagem é outro problema: se longe da cidade, também encarecem o processo; se perto, incomodam seus vizinhos pelos odores do composto não curado. De qualquer forma, a compostagem "enobrece" o lixo, transformando-o em um composto útil.

Infelizmente, essas técnicas de tratamente do lixo não são usadas de maneira organizada e sistemática. Os locais onde são lançados resíduos são geralmente áreas desvalorizadas — do contrário não seriam usadas para este fim. É comum serem utilizados buracos de antigas "pedreiras", "cavas" de extração de areia ou simplesmente depressões naturais em terrenos de grande declividade, sempre em áreas de periferia de cidades ou zonas industriais.

Freqüentemente não há registros de quantidades e tipos de materiais lançados nestes locais, mesmo porque em grande parte os despejos são "clandestinos", isto é, sem autorização expressa do órgão governamental competente.

Com o passar do tempo e a evolução da ocupação do solo pelas atividades industriais e urbanas, essas áreas podem (e geralmente isto ocorre) se tornar valorizadas economicamente; a cidade "cresceu" para aquela região, é comum se dizer. Neste caso, se a autoridade governamental tem certo controle sobre o processo de crescimento, tais terrenos, públicos, podem eventualmente ser ajardinados e transformarem-se em áreas de lazer.

Mas também é muito freqüente, até por causa da falta de registro e inventários do que aconteceu previamente, serem instaladas indústrias ou mesmo residências nestes terrenos. Temos então situações de "risco" estabelecidas: além da inconsciência do real perigo por parte dos novos ocupantes destas áreas, há dificuldades técnicas em monitorá-lo e obter uma avaliação do risco.

É comum surgirem em primeiro lugar sintomas de doenças na população e haver demora de meses, ou até anos, para chegar-se a ter idéia do agente (da substância química) causador do mal. Isso acontece justamente porque é muito difícil fazer um controle prévio, se não se sabe quais substâncias são ou foram ali destinadas e, portanto, quais devem ser controladas.

Dentre alguns casos históricos exemplares temos o caso de um bairro residencial construído nos anos do pós-guerra, nas proximidades dos saltos de Niágara, nos EUA. No início do século, fora previsto no local um complexo de canais de navegação que levariam barcos transportadores de materiais para indústrias — estas planejadas para a região devido à abundância de eletricidade barata (em função da proximidade das quedas d'água).

Tais indústrias não vingaram, em razão da "revolução tecnológica" representada pela transmissão de corrente elétrica alternada por longas distâncias. Os canais já abertos, mas sem uso, passaram então a ser fechados com despejos de vários tipos de entulho e lixo na primeira metade do século. Anos após ocorreu a ocupação residencial. Não demorou para que os habitantes do local passassem a sofrer doenças, que se supunham, a princípio, epidêmicas. Parece que o primeiro grupo onde se identificou mais precisamente o mal foi o de crianças que freqüentavam a escola do bairro.

Anos se passaram, não sem polêmicas, até ficar provado que o agente responsável pelo mal — que chegou a custar vidas — eram emanações do solo, que incluíam benzenos e derivados. O benzeno é um composto constituído de carbono e de hidrogênio; tem uma estrutura molecular bem característica, que é base de um número muito grande de outras substâncias mistas com larga aplicação industrial, como solventes de tintas, desengraxantes, matérias-primas para plásticos e detergentes. O benzeno e alguns de seus derivados são causadores de tipos de anemias e cânceres, males que, entre outros, afligiram a população do bairro. Este, após muita polêmica e ações na Justiça, foi desativado a custos econômicos e sociais enormes.

Um triste caso similar, felizmente detectado numa etapa não tão avançada como o caso norte-americano, está em plena ocorrência em nosso país: trata-se do resíduo industrial de Samaritá. Samaritá é um distrito do município de São Vicente, no litoral do estado de São Paulo, integrante do complexo industrial da baixada santista, onde se situa Cubatão.

Nesta região é comum a extração de areia, atividade que deixa buracos no solo chamados de "cavas". Muitas dessas cavas foram inconseqüentemente consideradas, na década de 70, como convenientes locais de lançamento de lamas industriais que continham, entre outras espécies, pentaclorofenol (composto de carbono, hidrogênio, oxigênio e cloro, usado entre outros fins como preservante de madeira) e hexaclorobenzeno (composição: carbono, hidrogênio e cloro, usado como praguicida). Estas são substâncias da classe dos organoclorados, cuja degradação no ambiente é muito lenta, de poucos efeitos agudos sobre os mamíferos, mas terrivelmente preocupantes sobre o ponto de vista da intoxicação crônica, pois se acumulam e se concentram no organismo.

Como a população de Samaritá tem aumentado nos últimos anos intensamente (loteamentos, nem sempre legalizados, destinados principalmente às classes mais humildes que viajam diariamente para Cubatão ou aos pólos comerciais de Santos e São Vicente), está sendo processada a urgente tarefa de descobrir e delimitar todas as áreas onde o lixo industrial se incorporou ao solo da região, tornando-o nocivo. Em alguns locais foi possível separar o pó ainda em alta concentração, para submetê-lo a controlada e cuidadosa incineração, tornando-o inócuo.

Entretanto, uma tarefa adicional é conseguir monitorar o espalhamento dessas substâncias perigosas pelo solo, rios, plantas, e inclusive na própria população já estabelecida na região, para verificar, conforme os conhecimentos atuais das ciências toxicológicas, se e em quais locais a situação é crítica.

Adubando sempre dá?

A adubação pode ser entendida como a adição à terra de elementos que a cultura necessita, com a finalidade de melhorar a colheita em qualidade e quantidade; entretanto, essa função corretiva dos fertilizantes aparece para o agricultor, e mesmo para a população em geral, como sendo o remédio para todos os males dos solos.

Movido por esta impressão, o agricultor restringe o tratamento do solo ao exercício de espalhar adubo na terra — quando o faz. Esquece um conjunto de cuidados fundamentais para uma exploraçao racional. Um exemplo característico, no Brasil, é o que acontece na cultura da cana-de-açúcar: ainda ateia-se fogo aos canaviais, explora-se o mesmo solo por vários anos, sem descanso, sem renovação, desgastando-o e comprometendo o próprio rendimento por hectare de colheita. Enfim, pouca coisa se faz para preservá-lo, provavelmente porque se acredite que a simples reposição de alguns nutrientes baste.

Solo contaminado: cultura indesejada

Quando se pensa no equilíbrio em um ecossistema não se pode conceber fronteira entre ar, água e solo. Biologicamente, a interação entre estas matrizes constitui a própria essência da manutenção dos ecossistemas: certamente não haveria vida se tivéssemos compartimentos estanques e independentes.

Consideremos um caso ao qual aparentemente se dá pouca importância. Apesar de as partes aéreas das plantas terem se adaptado como órgãos capazes de realizar a fotossíntese, elas também têm habilidade de absorver água e nutrientes — absorção foliar —, assim como, eventualmente, contribuir com o aumento da concentração de algumas substâncias, como hidrocarbonetos. Devido, também, à absorção foliar é que se recorre ao método de pulverização e outras práticas agrícolas. Portanto, não há fundamento em imaginar que não haja uma certa relação de causa e efeito direto no desenvolvimento de um vegetal, mesmo por meio de uma contaminação via aérea (poluição atmosférica).

A simples deposição freqüente e não removida de material particulado atmosférico (poeira em suspensão) sobre a superfície foliar de vegetais pode implicar uma obstrução da abertura de estômatos, o que dificulta o processo de absorção foliar e pode comprometer o desenvolvimento do vegetal.

Um exemplo muito conhecido de contaminação de organismos fotossintetizantes inferiores são as algas que vivem em simbiose nos liquens. Compostos sulfurados, quando absorvidos pelos liquens, acabam por matá-los. Assim, a presença de liquens em certos ambientes pode também funcionar como um indicador da boa ou má qualidade do ar relativa a compostos de enxofre.

De fato, o solo freqüentemente influencia (e também é influenciado) mais diretamente o desenvolvimento e também a contaminação de uma planta. Como vimos, as plantas não conseguem distinguir e aproveitar apenas os micro e macronutrientes que lhes são vitais. Acabam por incorporar elementos que, além de não serem vitais, acabam sendo maléficos ao vegetal e eventualmente ao próprio homem, quando dele se alimenta.

PROBLEMAS AMBIENTAIS E ALGUMAS SOLUÇÕES

Não pretendemos aqui elencar uma série de medidas ou receitas específicas e apresentá-las como soluções. Isto não só não teria o menor sentido, como fatalmente implicaria em sérias distorções e erros. Entretanto, nos parece possível e coerente pensar em algumas medidas genéricas que possam servir como objeto de discussão, e que alterariam os mecanismos de interação com o que é natural.

É notório que os fatos sempre acabam por remeter a uma *tomada de consciência*, que deve ser cada vez mais estimulada, levada a conhecimento público. No que diz respeito à problemática ambiental, fatos não faltam: a temperatura da Terra está aumentando, a camada de ozônio está sendo destruída, são constantes os desmatamentos e queimadas, muitos rios e riachos já estão "mortos" — como é o caso do velho Tietê —, alguns solos estão contaminados — como o de Samaritá e de alguns aterros sanitários já desativados —, vários ecossistemas — reservatórios naturais — se encontram seriamente ameaçados, entre outros vários exemplos.

Mesmo em face destes e de muitos outros fatos que comprometem o equilíbrio vital, é notória a alienação de uma considerável parcela da população. Esta atitude causa graves prejuízos, aos próprios indivíduos e à sociedade. Mas temos de reconhecer um pequeno avanço: hoje em dia, felizmente, parece existir uma intenção de se consolidar um desenvolvimento econômico e social acompanhado da preservação do meio ambiente; neste sentido, por exemplo, a "Eco-92/Rio" foi mais uma tentativa de articulação de diversos países para elaboração de diretrizes e assunção de compromissos que visem garantir uma boa qualidade de vida.

Uma questão da maior importância, que alimenta esta alienação, é a *(des)informação*. A maneira como normalmente são postas as questões relativas à problemática ambiental nos coloca inexoravelmente diante de um dilema, que de fato não existe e não pode ser analisado com esta perspectiva e dimensão: abdicar ou não, em nome da ecologia e proteção ambiental, ao desenvolvimento. Não se trata de uma batalha. Este dilema é uma ilusão, já que ambas as opções representam, em última instância, o colapso da sociedade moderna; estamos convencidos, entretanto, que hoje a ecologia se apresenta como um dos limites — e talvez o mais contundente — do sistema de produção capitalista.

Entendemos que a conscientização geral da população, que passa pela correta informação imparcial, constitui uma ferramenta fundamental para a convivência ética com a natureza, que, norteando o comportamento humano, poderá auxiliar a reverter o atual quadro de degradação ambiental.

De fato, não é fácil criar o hábito de respeitar a natureza. É um processo, e neste, a *escola tem uma grande importância*. Assim, as chamadas ciências ambientais precisam trazer sistematicamente para as salas de aulas todos os temas de real interesse. Certamente muitos — pequenos? — problemas ambientais poderiam ser de fato resolvidos se, desde cedo, nossos jovens os estivessem entendendo e discutindo.

Por outro lado, só isto não basta. É preciso, aliás é imprescindível, que a *ação política seja prudente e eficaz*. Nesta esfera, há que se ter bem nítido que não serão medidas tímidas e isoladas que resolverão problemas tão complexos. Não há, naturalmente, garantias que assegurem a eficácia desta ação com o nível de conscientização que temos.

A seriedade com que esta matéria merece ser tratada deve sensibilizar os órgãos públicos responsáveis em acompanhar projetos. É fundamental ter sempre em mente que a visão e a solução do problema a partir do fato concretizado serão sempre paliativas. Nesse sentido, acreditamos ser importante abandonar definitivamente os atuais métodos, em geral aleatórios, de ocupação territorial e partir para um *planejamento sistemático e criterioso*, no qual uma avaliação multidisciplinar de impacto ambiental seja realmente considerada preliminarmente no processo de decisão.

CONSIDERAÇÕES FINAIS

O meio ambiente é o patrimônio mais precioso que possuímos. Quanto melhor sua qualidade, mais e mais o homem poderá redescobrir e usufruir melhor o que a natureza nos oferece.

A impressão que temos é que a idéia de que a natureza sempre reage às diferentes formas de agressão de maneira a adaptar-se ou reequilibrar-se, sem grandes prejuízos, está arraigada em nossa cultura. Só assim é que podemos entender a naturalidade e a apatia com que o conjunto da sociedade reage aos inúmeros exemplos de degradação ambiental, alguns dos quais crônicos.

Há ainda, em um bom número de casos, uma análise muito simplista de alguns fenômenos. Por exemplo, consideremos o caso de uma construtora que, para construir uma casa na encosta de um barranco, retirou a vegetação vizinha e aplainou o terreno. Quando veio a chuva forte e houve o deslizamento de terra, as conseqüências foram sentidas e houve lamentos: "mas foi a chuva...".

Não se trata aqui de condenar o progresso ou fazer apologia da intocabilidade da natureza, da preservação pela preservação. Chegamos a um nível de desenvolvimento que recuar se tornou quase impossível. Contudo, não perceber a ambigüidade deste modelo de desenvolvimento é fechar os olhos à realidade.

Como conciliar estes interesses e necessidades?

Temos insistido, durante os anos que trabalhamos com esta temática, na necessidade de reavaliarmos estruturalmente o tratamento dispensado aos problemas ambientais. Via de regra, procura-se atacar os efeitos da poluição; só depois que os fatos estão consumados é que se "corre atrás do prejuízo".

Entendemos que para garantir uma boa qualidade de vida para esta e as novas gerações, será necessário um conjunto de medidas que alterem a relação do homem com seu ambiente. Por exemplo, uma decisão que vise reestruturar multidisciplinarmente e valorizar de fato a importância dos relatórios de impacto ambiental (RIMAs), tornando-os realmente deliberativos, será uma iniciativa que certamente terá vários desdobramentos nos critérios e modos de ocupação.

Decisões isoladas deste tipo não vão equacionar a problemática ambiental em sua totalidade: a complexidade desta temática extrapola qualquer análise, por mais elaborada que seja. Mas, com certeza, constitui um grande avanço, simples de ser implementado, na revisão e reformulação dos princípios éticos que regem a relação do homem com o meio ambiente.

Acreditamos que, ao terminar de ler este livro, o leitor possa estar um pouco confuso. As informações aqui contidas, por nos dizerem respeito diretamente, nos colocam frente a algumas questões de ordem prática: por que *eu* devo me sensibilizar com estes problemas? qual a parte que me cabe neste "latifúndio"? o que posso fazer para ajudar a reverter este quadro?

Bem, se você está se questionando neste nível, nós já estamos muito satisfeitos, porque este era o nosso maior objetivo. Daqui para frente não temos muito no que contribuir para orientá-lo, a não ser dizer que, assim como você, outras pessoas poderão se somar nesta frente, dependendo muito de seu discurso, divulgação e sua prática. Isto pode não ser muito, mas com certeza será definitivo para envolvê-lo de maneira a se sentir útil. Mas não nos iludamos: não é nada fácil romper com uma tradição já incorporada em nossos hábitos, e é preciso ter bem nítido que, apesar de tudo, vale a pena continuar a insistir.

INDICAÇÕES PARA LEITURA

1 - Odum, E. P. *Ecologia.*, Ed. Guanabara (1988).

Certamente esta obra constitui uma das principais referências disponíveis para leitores interessados em aprofundar estudos na área da ecologia. Aborda com profundidade, sob várias ópticas, estudos de ecossistemas, energia nos sistemas ecológicos, desenvolvimento e evolução no ecossistema, entre outros.

2 - Bemm, F. R. e McAuliffe, C. A. *Química e Poluição.*, Ed. LTC/EDUSP (1981). Tradução: Pitombo, L. R. e Massaro, S.

Neste livro, temas como polímeros e poluição, lixo doméstico, pesticidas, poluição do ar, detergentes, esgotos e seu tratamento são tratados e discutidos para leitores de formação acadêmica na área de Química ou correlatas. Destaca-se a presença de dados importantes também para leitores de outras áreas.

3 - Branco, S. M. *Ecossistêmica. Uma Abordagem Integrada dos Problemas do Meio Ambiente.* Ed. Edgard Blücher Ltda.

Numa feliz tentativa de abordar a temática ambiental integradamente, o autor busca mostrar as bases filosóficas e doutrinárias que orientaram e ainda orientam as pesquisas nesta área. As referências bibliográficas desta obra podem ser muito úteis para aprofundamento. Este autor tem publicado vários livros com temas relacionados ao meio ambiente.

4 - Scarlato, F. C. e Pontin, J. A. *Do nicho ao lixo: ambiente, sociedade e educação.* Ed. Atual (1992).

Esta obra é o resultado de várias pesquisas e discussões sobre problemas ambientais envolvendo profissionais das áreas de Química, Física, Biologia, Geografia e História. Os autores reúnem este material neste livro; tratam de temas ambientais em profundidade, procurando apresentar os aspectos técnicos e os desdobramentos sociais, mas sempre dentro de uma perspectiva histórica.

5 - Péres, J. M. (diretor). *La polución de las aguas marinas.* Ediciones Omega, A. A, Barcelona (1980).

Esta referência, específica sobre ecossistemas marinhos, faz um relato e uma análise de vários tipos de poluição no meio marinho. Tem particular importância o capítulo que trata da poluição por hidrocarbonetos/petróleo; neste a origem, os mecanismos de toxicidade, a influência sobre os oceanos por hidrocarbonetos são tratados em detalhes.

SOBRE OS AUTORES

Sérgio Massaro Nasci em 1943, em Santo André (SP), e, acompanhando a metamorfose de minha terra morando sempre no mesmo lugar, tenho a impressão de ter cursado o primário em uma pacata cidade do interior e o ginásio em uma progressista cidade industrial. Sempre curti paisagens e espaços mas acabei por fazer Química, que cuida do ambiente em escalas bem menores. Estou feliz por isso, pois o coração e a razão me apontam hoje perspectivas complementares.

Doutorei-me em Química Analítica e estou ligado à USP há mais de vinte anos, atualmente participando nessa universidade de grupos de pesquisa e ministrando aulas em cursos de graduação e pós-graduação.

Joel Arnaldo Pontin Nasci em Penápolis, interior de São Paulo, em 1962. Em 1983 conclui o curso de Química Industrial na escola superior de Química "Osvaldo Cruz", entre 1984 e 1985 complementei minha graduação com o bacharelado e a licenciatura na mesma instituição. A pós-graduação em Química Analítica/ Ambiental foi resultado de meu crescente interesse por ecologia. Concluí o mestrado em 1990 e o doutorado em 1996 no Instituto de Química da USP. Sou autor e co-autor de diversos artigos relacionados à temática ambiental, além de participar do livro *Do nicho ao lixo: ambiente, sociedade e educação*.